プロローグ

未来の土木技術者たちへ

あなたは「土木」という言葉の意味を考えたことがありますか。

土と木という至って簡単な字であらわされる言葉の意味は、いまでこそ様々な職業や仕事につながっていますが、人類がはじめて居どころを定め、土を掘り木を組んで竪穴住居をつくり、住んだ時から始まったと考えると、実に身近な感じがします。

「土木」という言葉は、中国の古い書物「淮南子」（紀元前百数十年のころの思想書）の「築土構木」が出所のようです。木が石になり、鉄になり、コンクリートになって今日に至っているのです。エジプトにピラミッドがあり、中国に万里の長城があり、わが国に巨大な古墳群がありますが、これらを昔の土木技師が知恵を絞り、腕を振るってつくったと思うと壮大な気持ちになりませんか。

古代ローマ帝国の技術が道路や水道、あるいは巨大な建築構造物をつくり、現代につながる遺産を残していることはご存じのとおりですが、土木が人類の生活を高め、豊かにし続けてきたことは間違いありません。

ところが、最近になり「コンクリートから人へ」などと象徴的に言われるように過度な公共事業への投資が批判され、またあるときは土木業界のゆがんだ体質が市民の目に晒されて、不愉快な印象を与えているのも事実です。

しかし、日本の土木技術の優秀さは世界に誇ってよいものと考えます。

徹底した工事の安全管理、高い品質、とくに成熟した都市にあって道路や鉄道などインフラの機能を落とすことなく新しい構造物を建設したり、古い構造物の補修・補強・取り替えなどを大胆かつ緻密に行う技術は世界のトップクラスではないでしょうか。また、このように日本の土木技術が今日のような優れたものになった背景には、多くの偉大な先輩たちの存在があったはずです。

03
札幌市・札幌駅南北横断通路

04 都営地下鉄・浅草線　押上駅付近

本書では、土木構造物のひとつである地下トンネルの世界を、歴史や工法、エピソードと写真で紹介するとともに、こころに残る技術者を紹介し、未来の土木技術者たちへのメッセージとしてまとめてみました。若い人たちがひとりでも多く「土木」の世界に興味を持ち、やがてはそれを担ってくれることを願っています。

地下トンネルの世界から

未来の土木技術者たちへのメッセージ

【目次】

06　札幌市営地下鉄・南北線　南平岸駅付近

地下トンネルの世界

地下鉄を支える土木構造物

「土木」という言葉から、あなたは何を連想するでしょうか。

道路・鉄道・港湾や河川の堤防・水道や下水道の工事などとともに、暗い、汚い、きつい労働環境をイメージする人や、都市を美しく飾る橋、川や海を渡る大きな橋などに思いをはせ、人と人を結び、さらには世界を結ぶ夢を見る人もいるでしょう。

ところで、大都市の地下わずか十数メートル下には、縦横に地下鉄が走っていて、今では国内の総延長は800㎞、一日の利用者数が1700万人に達していることをご存じですか。そんな地下鉄を支えている土木構造物が地下トンネルですが、その地下トンネルについてあなたはどれだけのことを見て、知っていますか。たぶん、駅のホームを外れた先がどうなっているかなんて見たこともないでしょうし、考えたこともない人がほとんどだと思います。

何とはなしに電車はトンネルの中をまっすぐ隣の駅に向かって走っているものと思っていませんか。ところが地下トンネルはまっすぐなところを探すのが難しいほど上下左右に曲がりくねっていて、あまりにも実感と違っていることに驚かされるでしょう。

ここでは、身近にありながらあまり知られていない土木の構造物である「地下トンネル」の世界を写真で紹介するとともに、そのつくり方や実態をやさしく紹介しています。

写真はごく一般的な地下鉄利用者としてのあなたと同じ目線で、駅のホームの端から高感度カメラと望遠レンズで撮影したものです。そこには、普段は見ることのできない闇と光の世界が広がっています。

08 首都圏新都市鉄道・つくばＥＸ　青井駅付近

09　首都圏新都市鉄道・つくばＥＸ　新御徒町駅付近

地下鉄

その歴史

地下鉄の歴史は19世紀のロンドンから始まりました。

テムズ河を横断するための河底に建設した道路用トンネルがヒントになったと言われ、1863年にメトロポリタン鉄道会社によりパディントン駅とファリントン駅間の約6㎞が開通しました。地下鉄を意味するメトロという言葉はパリの地下鉄からきていますが、もともとはこの鉄道会社の名前に由来しているようです。

日本では1927年（昭和2年）に開通した東京地下鉄道（株）の浅草～上野駅間の2・2㎞（歩いても30分くらいですが）が最初の地下鉄です。東京地下鉄道（株）は早川徳次により創設され、当時の東京市最大の繁華街浅草を銀座、新橋と結び、更には品川方面に延伸する計画でした。

一方、渋谷～横浜間に鉄道を敷設し、併せて沿線の開発で利用者を増やす手法を実施していた東京横浜電鉄（株）の五島慶太を発起人にした東京高速鉄道（株）は、東京市が取得していた渋谷～新橋間の鉄道敷設免許を入手して自社の旅客を直接浅草まで送り込むことを考えていました。

結局、両社は1939年（昭和14年）に新橋で結ばれ直通運転が開始されるのですが、この間のいきさつが語り継がれたり、新橋に幻のホームが残っていたりでいままでも話題になっているようです。ただ、言えるのは早川も、五島も、優れた経営感覚を持った鉄道事業者だったということです。

乗客の便宜を考えた駅構内の売店や、沿線途中の百貨店へ直接連絡通路を設けることにより、駅名と引き換えに出入り口の建設費を負担してもらうやり方などは早川徳次の発案といわれています。五島慶太については言うまでもなく渋谷駅周辺の都市開発をはじめ様々な業績があり、この二人が地下鉄の黎明期に大きな足あとを残したことは間違いありません。

１９４１年（昭和16年）に東京で設立された「帝都高速度交通営団」（現在の東京地下鉄（株）、愛称が東京メトロです）は、その名のとおり東京都二十三特別区内の高速大量輸送を担うものと位置づけられていました。

東京では１９０３年（明治36年）、それまでの乗合馬車に代わって路面電車が登場し、市民の足を確保しました。

その後、１９２３年（大正12年）の関東地震によって路面電車の施設が被災したのを機に乗合バスが登場し、バス路線が整備されていきました。しかし人口が増えて、輸送量が増すに従いバス・電車・自家用車が交錯し、道路は渋滞し排気ガスが増え、交通事故が増えていくと、次の対策として地下鉄の出番になります。

輸送量とスピードの点では、路面電車等と比較して圧倒的に地下鉄が有利ですが、一方では路面電車のよさ、すなわち利用者にとっての便利さや安さ、それに何よりも建設費の安さが魅力であることから、いまでも近代化された路面電車を走らせている都市は国内にも海外にもたくさんの例があります。

12　東京メトロ・銀座線　浅草駅付近

13　東京メトロ・丸ノ内線　御茶ノ水駅付近

都営地下鉄・浅草線　高輪台駅付近

15　都営地下鉄・浅草線　高輪台駅付近

日本の地下鉄

その特徴

ひとくちに地下鉄と言っても、その定義には微妙な違いがあるようです。

日本地下鉄協会は加盟している事業者の路線を地下鉄と定義しているようですが、その事業者名、組織形態、路線数、及び総延長は表のとおりです。

なお、これには含まれていませんが、東京や大阪ではＪＲや私鉄が既存路線の延長として地下で都心部に乗り入れたり、地方でも部分的に地下化されている路線も数多くあります。

首都圏及び名古屋市、大阪市の地下鉄

事業者	路線数	延長
埼玉高速鉄道（第三セクター）	1路線	14.6km
都営地下鉄（地方公営企業）	4路線	109.0km
東京メトロ（公有の特殊会社）	9路線	195.1km
東京臨海高速（第三セクター）	1路線	12.2km
東葉高速鉄道（第三セクター）	1路線	16.2km
北総鉄道（第三セクター）	1路線	32.3km
横浜市営地下鉄（地方公営企業）	2路線	53.4km
横浜高速鉄道（第三セクター）	1路線	4.1km
名古屋市営地下鉄（地方公営企業）	6路線	93.3km
Osaka Metro（公有の一般会社）	9路線	137.8km

その他の地方都市の地下鉄

事業者	路線数	延長
札幌市営地下鉄（地方公営企業）	3路線	48.0km
仙台市地下鉄（地方公営企業）	2路線	28.7km
京都市営地下鉄（地方公営企業）	2路線	31.2km
神戸市営地下鉄（地方公営企業）	2路線	30.6km
広島高速鉄道（第三セクター）	1路線	18.4km
福岡市地下鉄（地方公営企業）	3路線	29.8km

当初の地下鉄は都市内が中心でしたが、近年では郊外へのびる会社線やＪＲ線と相互乗り入れを行って大きなネットワークを形成し、利用者の利便性が一段と向上しています。

これら各地下鉄の特徴は、その事業者名に「高速鉄道」の名をつけているところが多いということが挙げられます。

これは地下鉄が自動車やバス、あるいは路面電車に対して速度での優位性を誇示しようとしたのだろうと思います。

その他、駆動方式では、リニアメトロは１９９０年代以降に建設された東京、大阪、横浜、仙台、神戸、福岡などで７路線に採用されていますが、技術の開発と同時に、地下鉄建設にも社会の経済動向が反映し、輸送需要に応じた適正規模の低コスト化が求められたことによるものと考えられます。

また、集電方式については、大阪では９路線の内５路線で第三軌条方式になっていますが、東京では13路線の内わずか２路線となっています。これは両都市とも太平洋戦争後に地下鉄の本格的な整備が進みましたが、大阪が戦前の計画を踏襲したのに対し、東京では相互乗り入れを想定して架線方式に切り替えたのが大きな違いであるといわれています。

更に特筆すべきは、札幌市営地下鉄で国内唯一のゴムタイヤを用いた案内軌条式鉄道（ゴムタイヤ式地下鉄）が採用されていることでしょう。このゴムタイヤ式地下鉄はパリ市地下鉄などでも採用されていますが、札幌市は独特の形式で「札幌方式」と呼ばれるものです。この方式の特徴としては、加速・減速性能に優れている、急勾配における登坂性能に優れている、乗り心地がよい、保線の必要がない、騒音が少ないなどのメリットがありますが、タイヤの摩耗が激しくタイヤ保守費用がかさむ欠点があるようです。

仙台市地下鉄・南北線　仙台駅付近

19 仙台市地下鉄・南北線　仙台駅付近

Osaka Metro・長堀鶴見緑地線　森ノ宮駅付近

OsakaMetro・長堀鶴見緑地線　森ノ宮駅付近

22

京都市営地下鉄・烏丸線　烏丸御池駅付近

23 札幌市営地下鉄・東豊線　月寒中央駅付近

集電及び駆動の方式

第三軌条とリニアモーター

地下鉄の集電方法には、架線方式と第三軌条方式があります。

架線は動力となる電気を供給するためトンネルの天井に張られた電車線ですが、第三軌条は車輪の乗るレールとは別にこれに並行して敷設された集電のためのレールです。車両からここに接触するシュー（沓）を出して集電します。

第三軌条は東京の銀座線や丸ノ内線、大阪御堂筋線、横浜ブルーライン線などで使われていますが、利点は車両にパンタグラフが無いことからトンネル断面を小さくつくることができるので工事費が安くできること、欠点としては高圧電流が流れる裸のレールが低い位置にあるため、知らずに立ち入った人に感電の危険があること、騒音（摺動音）や高速走行に適さないことなどがあげられます。

また、第三軌条が連続できない分岐器やわたり線の部分では前後の車両で集電することになります。このため初期の銀座線などでは、ポイント通過時に車内灯が一時停電したりしました。

世界最初のロンドンの地下鉄では第三軌条のほかに、更にレール間に第四軌条が敷設されています。

わが国で最初に設置された第三軌条は急勾配の旧信越線碓井トンネルで、蒸気機関車用につくられたトンネルに電気機関車を使用する時に高さが足りないため架線が張れず、やむなく集電のためのレールを敷設しました。

新しい地下鉄では他の路線との相互乗り入れのため集電方式を合わせる必要があることや、軌道保守の安全性を考慮し、第三軌条方式はほとんど使われなくなりました。

一方、地下鉄の駆動方式には一般的な回転モーターとリニアモーターがあります。

普通のモーターは回転部と固定部があり、その間に磁力を発生させて回転しますが、固定部を筒状にせず軌道部分に直線的に伸ばしたものがリニアモーターと呼ばれるものです。車両側のリニアモーター（電磁石）に流れた電流により地上側のレール間に設置されたリアクションプレートにも磁界が生じ、相互間の磁力による引っ張りと反発によって推進します。レールと車輪の摩擦力によって推進するわけではありませんので、急な勾配でも問題なく走れます。

このリニアモーターを使った車両の走る地下鉄はリニアメトロなどと呼ばれ、都営大江戸線をはじめ大阪、神戸、福岡、横浜、仙台などの各都市で走っています。加減速の容易さや登坂能力にすぐれ、モーターを車上と地上に分けているので台車を小型化できるためトンネル断面が小さくて済みます。さらに架線を剛体架線と呼ばれる直接天井に鋼棒を設置する方式にすることで、トンネル断面をより小さくすることが可能になります。トンネル断面の小ささによる建設費の削減が大きな魅力で、これからの地下鉄建設に使われることも多くなるでしょう。

余談ですが、東京～名古屋間でJR東海が建設中の磁気浮上式超高速鉄道もリニアです。こちらは固定部分が車内に設置された超電導磁石で、回転部にあたるのが地上に設置された推進コイル群で、地上のコイルの電極（＋と－）を素早く切り替えることにより前進します。

路線の多くはトンネルですが、最高速度500㎞／hという超高速走行時の空気抵抗を減らすことと、トンネル進入時に反対側の出口付近に発生するドーンという気圧変動音を小さくするために、車両断面に対するトンネル断面は大きくする必要があります。

横浜市営地下鉄・ブルーライン　中田駅付近

27 横浜市営地下鉄・ブルーライン　中田駅付近

都営地下鉄・大江戸線　大門駅付近

29　都営地下鉄・大江戸線　大門駅付近

地下駅が深くなる理由

国鉄時代（昭和62年以前）に在来線や新幹線の都心乗り入れに伴って建設された東京都内の地下駅は、深くて大規模なものが多いようです。

横須賀・総武快速線の新橋駅、新日本橋駅、馬喰町駅などは地下３層構造ですが、東北新幹線の上野駅や京葉線及び横須賀・総武快速線の東京駅は地下４層構造となっており、レール面の位置は地表から30ｍ前後の深さです。

また、近年建設された地下鉄は既存の路線より地下の深部にあり、全般的に駅ホームもかなり深いところに設置されています。深さが40ｍ近いものも出てきています。

東京の深い駅は、大江戸線六本木駅（42・３ｍ）、千代田線国会議事堂前駅（37・9ｍ）、南北線後楽園駅（地下37・５ｍ）などがあげられます。

変わり種としては、東京神田駿河台の端に建設された東京メトロ・新御茶ノ水駅があります。この駅は傾斜地にあるため、ホーム両端の出入り口では地表までの深さにかなり差があります。大手町側はごく一般的な深さですが、湯島側はかなりの深さになるため、二か所のエスカレーターを乗り継ぎます。そのうちのひとつは地下鉄の駅で最も長く、全長で41ｍもあるそうです。

開削工法で深く大きな駅をつくるには巨大な土圧や水圧との戦いが伴います。横須賀・総武快速線の東京駅等をつくった頃はちょうど東京の地下水が無制限に汲みあげられていた時期で水位が低く、ほとんど水圧がない状態で建設できたのです。しかし、その後の条例による揚水規制で地下水位が徐々に上昇し、ついには設計水位を超える事態になったため、浮力が大きくなり過ぎて地下駅が浮き上がる危険性がでてきました。当初はバランスのために重しの鉄材を最下床に設置していましたが、その後の技術開発により、現在は地下駅をアンカーで地盤に固定しています。

ところで、自分の土地に隣から地下茎をつたって筍が生えたり、枝が伸びて塀を越えて柿の実がなったりすることがあります。

このような場合は地上権を主張し自分のものとすることができます。しかし、頭上高く高圧線が横切ったり、飛行機やヘリコプターが飛んでも権利を主張してやめさせることができないこともあります。つまり、土地の持ち主の権利（空間地上権といいます）は建物などを建てられる高さより上にまでは及ばないと考えられるからです。

では、地下深くはどうでしょうか。これまでも地下鉄のトンネルが私有地の下を通る時は協議を重ね、補償を前提に施工をしてきました。しかし、工事の影響がほとんど及ばない深さになればもっと自由にルートを選び、効率的な工法を取ることができます。掘削機械の進歩も地下深くでの工事を可能にしています。こうした背景から、２０００年（平成12年）に大深度地下使用法が成立し、首都圏、近畿圏、中部圏の一部の都市に限って特別措置法として扱われることになりました。すなわち、地表から40ｍ以深の地中、または、基礎杭の支持面から10ｍ以深の地中を大深度地下と定義し、そこには地下地上権が及ばないとする考え方です。こうしてますます地下深いところに鉄道や駅がつくられることになるのですが、災害、とくに火災が起きた時に乗客の安全をどのようにして守るかが大事な問題となるでしょう。

このように、地下鉄は時代とともに深くなってきていますが、今後建設されるリニア新幹線の地下部分は、さらに大深度地下化されていくと言われています。

JR東日本・横須賀線
新橋駅

ＪＲ東日本・横須賀線　新橋駅

ＪＲ東日本・東北新幹線　上野駅付近

JR東日本・総武快速線　新日本橋駅付近

保守や運行のための設備

車両基地と待避線

鉄道車両は安全管理のための定期的検査や、部品の交換、修繕をする必要があります。

そのために車両を留置する場所と工場が必要です。また、運転の疎密に応じて長い編成の電車を引き上げてとどめておく線路も必要です。これらをひっくるめて車両基地と呼んでいます。

地下鉄は本来建物の密集した都市の地下に建設されるものですから、地上に車両基地を建設するための広大な用地を確保するのは大変なことでしょう。このため様々な工夫が見られます。

東京で最初につくられた銀座線の車両基地は、東上野のビル街と学校に挟まれた場所にあります。そこには電車が地下から地上に出て道路を横断する所に踏切があります。この踏切は道路側と線路側の両方に遮断機がある珍しい構造になっていますが、後者は踏切から人が線路内に立ち入って高圧の電気が流れている第三軌条にふれて感電しないように配慮されているのです。

都営三田線の車両基地は高島平団地のなかにあり、西台駅近くの高層アパートの一階を利用して広い車両基地を確保しています。変わったところでは、横浜市営地下鉄グリーンラインの川和車両基地は地下を鶴見川の遊水池としてつくられています。また、ブルーライン新羽車両基地は高架構造の二階にありますが、一階を遊水池、さらに屋上などの空き地をスポーツ施設にするなど立体的に利用しています。

また、建設当初の地下鉄は
路線も駅間も比較的短いもので、
各駅停車の緩行運転を前提にした設備でした。

地下鉄は追い越す必要がないため、駅構造は一面二線の島式ホーム、または二面二線の対向式ホームが一般的で、運行上必要となる設備としては、引き上げ線や留置線など限られたもので済みました。ところが、近年になり他の路線との相互乗り入れで運行距離が長くなり、運行ダイヤが複雑化したことや、乗客への利便性から快速運転化が求められるようになり、地下鉄にも待避線や通過線などの設備が必要になってきました。

現在快速運転をしている地下鉄の路線は、首都圏では東京メトロ・東西線や副都心線、都営浅草線や新宿線などがありますが、これらは既存の設備を改良して通過線にしたものと思われます。なお、最近では東急田園都市線桜新町駅のように、地下駅としては数少ない例ですがあらかじめ通過線を持った駅構造もつくられるようになりました。

38 都営地下鉄・新宿線 大島駅付近

39 東京メトロ・副都心線　渋谷駅付近

東京メトロ・副都心線　小竹向原駅付近

41 東京メトロ・副都心線　小竹向原駅付近

もうひとつの地下駅

山岳トンネル内の駅

地下鉄の駅は地中にあるのが一般的ですが、例外もあります。

東京メトロの東西線西船橋付近や札幌市営地下鉄の南北線真駒内付近は高架構造になっています。一方、ＪＲや私鉄など地下鉄以外でも都心部への地下乗り入れに伴い地中に駅を設けている例がありますが、その他に山岳トンネルの中に駅を設けている例があります。

ＪＲ東日本の上越線清水トンネルは、昭和初期に単線で開通しましたが、上越国境の谷川岳中腹を貫くために群馬、新潟両側にループ線を設けて高さを稼ぎ、両側のトンネル入り口に土合駅（群馬側）、土樽駅（新潟側）を設けました。のちに、昭和40年代に輸送力を増強する目的で複線化工事が行われ、下り線用の新清水トンネルが掘られました。この時はトンネルの掘削技術の進歩を踏まえて群馬側のループをやめ、土合駅より一つ手前（東京側）の湯檜曽駅付近からトンネルに入ることになり、途中の土合駅はトンネル内の地中深くにつくられました。そのため、上り線のホームは地表、下り線のホームは地下深く（上り線ホームから階段を４９０段下ります）という珍しい駅になりました。

もう一つ例を挙げると日本海ひすいラインの筒石駅があります。これは旧北陸本線が複線電化された時に地滑りの多い親不知の難所をさけ、別線で長大トンネル（頸城トンネル11・４㎞）を掘り、その中に筒石駅を移設したものです。駅は複線トンネルの中に上下線のホームの位置を互い違いにずらして設置し客扱いをしています。

一方、海底の青函トンネルは開業時にはトンネル内に駅を設けていました。

トンネル全長53・9㎞、海底部23・3㎞の長大トンネルであり、駅といっても海の底で簡単に外に出られるわけではありません。見学用と非常時の避難場所として設置されたのですが、斜坑を通じて地上に脱出することが可能です。北海道新幹線の開業と同時に駅は廃止されましたが、かつては竜飛海底駅と吉岡海底駅の名でホームに降りることができたのです。

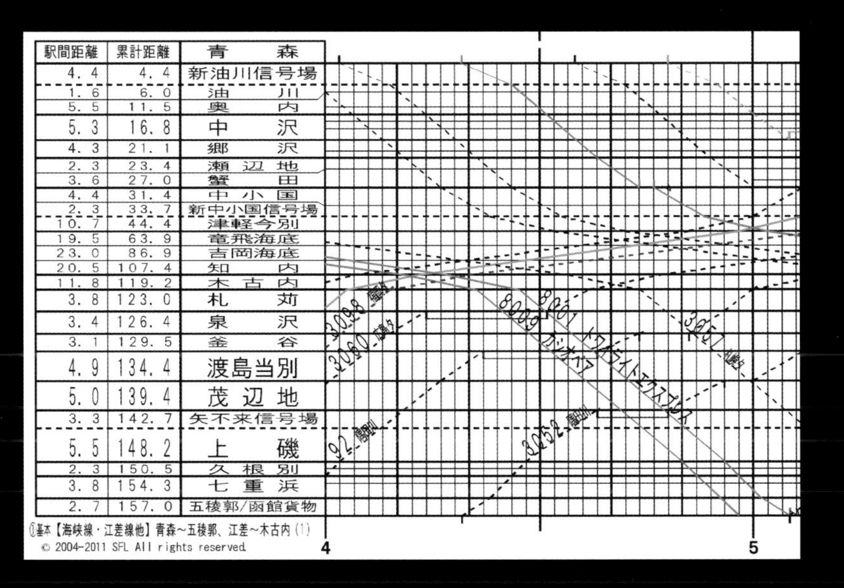

駅間距離	累計距離	青　森
4.4	4.4	新油川信号場
1.6	6.0	油　川
5.5	11.5	奥　内
5.3	16.8	中　沢
4.3	21.1	郷　沢
2.3	23.4	瀬辺地
3.6	27.0	蟹　田
4.4	31.4	中小国
2.3	33.7	新中小国信号場
10.7	44.4	津軽今別
19.5	63.9	竜飛海底
23.0	86.9	吉岡海底
20.5	107.4	知　内
11.8	119.2	木古内
3.8	123.0	札　苅
3.4	126.4	泉　沢
3.1	129.5	釜　谷
4.9	134.4	渡島当別
5.0	139.4	茂辺地
3.3	142.7	矢不来信号場
5.5	148.2	上　磯
2.3	150.5	久根別
3.8	154.3	七重浜
2.7	157.0	五稜郭/函館貨物

①基本【海峡線・江差線他】青森～五稜郭、江差～木古内(1)

JR 北海道・津軽海峡線
青函トンネルレリーフと時刻表ダイヤ
（出所：「川崎界隈貨物事情　資料室」
http://f-kawasaki.sakura.ne.jp/diagram）

ＪＲ東日本・上越線　土合駅階段

JR東日本・上越線　湯桧曽駅

地下トンネルはどのようにつくられているのか

地下鉄は地下の深いところにつくられるため、そこがどんな状態かを知る必要があります。土は柔らかいのか固いのか、地下水はあるか、埋設物はあるかないか、また、地下鉄が通るルートの地表には何があるか、工事を順調に進めるためにはどこから掘り始めたらいいのかなど、いろいろなことをはじめに調査し、決めておかなければなりません。またその前には、どこからどこへどのくらいの人を運ぶのか、完成後の収支はどうかなどなど調べることはたくさんあります。

さて、ここからは地下に建設された鉄道のトンネルがどのようにしてつくられているのかを説明しましょう。

もっとも古くから行われている開削工法

まず、必要な幅と深さを満たすように土留め壁を施工します。浅い掘削の場合はH型鋼を杭として等間隔に打ち込み、これに横矢板を設置しながら掘り進み、腹起し・切梁を組み、場合により路面覆工桁をかけて道路交通を仮復旧します。

掘削が深くなるにつれ、土留め壁は鋼矢板、鋼管矢板などになりますが、最近では鉄筋コンクリート連続壁が一般的となりました。これは剛性が高く、かつあとからつくられる構造物本体のコンクリート壁の一部または全部を兼ねることができるからです。

大きな駅などでは掘削が深くなり、掘るにしたがい土留め壁に大きな土圧がはたらき、施工が困難になります。極端な例としてはヘドロに近い軟弱地盤を深く掘削しなければならない場合もあり、こんな時は難工事を強いられることになります。このような地質では大口径の鋼管矢板を土留め壁とした例や、生石灰などで地盤を改良した例もあります。

古くからの山岳工法と新しいＮＡＴＭ工法

良質の地盤で地下水も少ないところで、古い時代には矢板と支保工を組み合わせた一般型のトンネル掘削工法で地下トンネルを施工した例があります。太い丸太を組み合わせながらたくみに支保工を組み立ててゆく技術は鉱山などでも行われていましたが、これは専門の職人の技によるもので、今となってはもう見ることはできないでしょう。こうしてつくられたトンネルは地下鉄銀座線の一部に見られますが、昭和初期の建造物ながら十分な構造安定性を保っています。

新しい掘削法として一般化しているのは、オーストリアのラブセヴィッツ博士が１９６０年代に発表した、いわゆるＮＡＴＭ（ナトム）工法です。

これは比較的固い地山を掘削するのに効果的な方法として開発された工法で、周辺の地山が掘削開口部に向かって変形しながらアーチを形成し自立安定しようとする性質を利用しているものです。薄い吹付モルタルの層や断面に放射状に打ち込んだボルトなどがこれを助けています。わが国ではこれを未固結の地山にまで適応させ、様々な工夫を加えて都市ＮＡＴＭなどと呼ぶ技術に発展し、横浜市や福岡市などの地下鉄で実施されました。

フナクイムシから考えられたシールド工法

シールド工法そのものはロンドンのテムス河底に横断トンネルを掘るために、ブルネル父子のうち父ブルネル技師が、フナクイムシが木材に穴を掘り、しかもその内面に石灰質の分泌液を擦りつけて、木材の膨張により穴がふさがるのを防いでいるのを観察して考案したものだそうです。ちなみに子ブルネルは鉄道技師として、また橋梁技師として有名です。

初期のシールド機はトンネルを掘削する先端に鋼枠を組み、これだけで切羽の崩落を防ぎながら人力で掘り進んでゆくのですが、のちに地下水の湧出を防ぐために先端を密室にして圧気をかけるようになり、わが国ではじめて本格的に使用した山陽本線関門トンネルの門司側の海底では、土被りが薄いところに船上から粘土を捨土（クレイブランケットといいます）して空気の漏れるのを防いだ記録があります。

現在のシールド機は未固結の地質が多いわが国の都市に地下トンネルを掘るための最適な工法として、密閉した先端部に泥水または泥土を充満して切羽の崩落や地下水の湧出を抑えながら、回転するカッターフェイスで掘り進むタイプが一般的で、これを泥水式（泥土式）シールド工法と呼びます。日本で開発された独特で優れた技術といえます。

シールド工法が地下鉄の工事にはじめて導入されたのは丸ノ内線で、霞が関や国会議事堂の下を安全確実に施工するために採用されたのですが、これは巨大な半円型のルーフシールドと呼ばれるもので、側壁部を先進させてこれを基礎とし半円の鋼製支保工を推し進めながら掘り進んだものです。

一方、固い地盤を能率よく掘進するためにＴＢＭ（トンネルボーリングマシン）が開発されましたが、掘削・推進・組み立てなどの機械の組み立てが若干異なるだけでシールド機の一種とも言え、海外ではシールド機を含めてＴＢＭと呼んでいるようです。英仏海峡の海底を見事なスピード（最大月進１２００ｍ）で掘進し、ユーロトンネルを短期間で完成させたのが日本製のＴＢＭです。

その他の工法として、水中に建設する場合に沈埋工法があります。

地上で製作された水密性の高い鉄筋コンクリート製の函体を曳航し、所定の位置に沈めて連結結合し、トンネルを形成したのち上から土や砂利を被せて安定させる工法です。

なお、非常に特殊な例として、ヘドロのような極端に悪い地盤にあらかじめ地上で製作した函体を沈めた例があります。この工法はケーソン工法と呼ばれ、パリにできた最初の地下鉄の一部では、地上でブロック化して制作された鉄筋コンクリートの函体を少しずつ下面の土を掘りながら所定の深さまで沈めていき、最後に結合したといわれています。

50
東京メトロ・有楽町線
辰巳駅付近

51　東京メトロ・有楽町線　豊洲駅付近

東京メトロ・副都心線　明治神宮前駅付近

53　東京臨海高速鉄道・りんかい線　東京テレポート駅付近

54

東急電鉄・池上線　荏原中延駅付近

近代土木を築いた人たち

こころに残る技術者とその仕事

近代日本が明治維新の後、急速に発展できたのは様々な分野に優れた人たちがあらわれて活躍したためですが、土木技術の世界でも何人もの偉人たちを数えることができます。さらに言えば、そこに至るまでにもわが国固有の技術を持って素晴らしい功績を残し、その技術を明治以後に伝えた人びとがいます。例えば、港湾設備をつくった高知の野中兼山、高瀬川運河を建設した京都の豪商・角倉了以、あるいは木曽三川分流工事で自分の命までをささげた薩摩の平田靱負などがあげられますが、これらの事績を踏み台にして明治以後の近代的な土木技術が花開いたというべきでしょう。

ここでは、明治から昭和に至るレジェンドともいうべき土木技術者たちの経歴と功績をごく簡単に紹介しましょう。

広井 勇

ひろい いさみ
1862〜1928

青山 士

あおやま あきら
1878〜1963

広井は札幌農学校で内村鑑三と親友でした。明治の若者らしく、自分の生き方を世の中のためにこそ使わなければならぬと考えて土木技術者の道を選んだのです。

彼は小樽港北防波堤を建設した時に、そのコンクリートの１００年後の強度を確かめることができるように膨大な数のテストピース（約６万個と言われる）を残し、実際に最近まで強度試験が行われていました。

一方、青山は自分がいかに生きるべきかに悩み、内村のいる教会を訪ねてその行くべき道を示されたのは有名な話です。彼も自分の一生を世のため人のため、子や孫のためにこそ生かすべきと考えて土木工学への道を選び、研究者・技術者としての生涯を送りました。

彼は若くして単身パナマ運河の建設現場にとびこみ、測量のポール持ちからはじめて近代土木工事のあり方を学び、帰国後は主に治水工事に献身しました。そのころ、東京下町を隅田川の氾濫から守るために荒川放水路がつくられましたが、青山は隅田川への流れを制御する岩淵水門（赤水門）を設計しました。赤水門はその後新たな岩淵水門（青水門）が建設されたため役目を終えましたが、彼の功績を記念し東京都選定歴史的建造物として残されています。彼は自分が手掛けた荒川放水路に、内務省を退官後も台風が来るたびに静岡県磐田の自宅から夜行列車に乗って出かけて行き、安全と成果を確認したといいます。

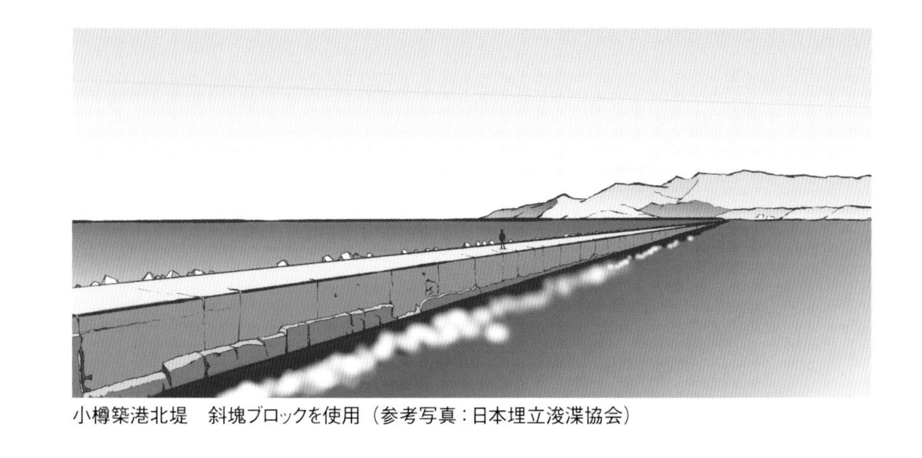
小樽築港北堤　斜塊ブロックを使用（参考写真：日本埋立浚渫協会）

旧岩淵水門（通称：赤水門）　遊歩者たちで賑わう

土木という仕事に誇りを持つこと、自分のした仕事に自信と責任を持つこと、私たちが先輩に学ばなければならないことではないでしょうか。

青山の言葉　「萬象ニ天意ヲ覚ル者ハ幸ナリ　人類ノ為メ　國ノ為メ」

エドモンド・モレル

Edmund Morel
1840〜1871

わが国はじめての鉄道はよく知られているとおり、１８７２年（明治５年）に新橋〜横浜間が開通しましたが、これが表定速度32・8㎞／hで両駅間29㎞をわずか53分で走ったことはあまり知られていません。モレルはこの鉄道の主任技師として建設を計画し指導した、いわゆるお雇い外国人です。

ロンドンで生まれた彼は、若いうちからオーストラリア、セイロンなど英国植民地で鉄道の建設に従事し、ハリー・パークス駐日公使の推薦で１８７０年（明治３年）に招かれて日本にやってきました。軌間を標準軌とせず少しでも建設費の節減をはかり１０６７㎜の狭軌にすべきと提案したり、当初使用するつもりであった英国製の鉄枕木をやめ、日本の豊富な森林から調達できる木製の枕木を採用するなど、日本の国情に見合った指導をして、わが国の鉄道の基礎をかためてくれました。

結核を病んでいた彼は開通式を見ることなく、来日わずか一年で30歳の若さで亡くなるのですが、その翌日に愛妻ハリエット夫人も25歳の生涯を異国の地で閉じるのです。

二人の墓は横浜外人墓地に並んでいますが、傍らに梅の木を植えて二人を惜しんだ明治の人たちのやさしさが偲ばれます。

ヨハネス・デ・レーケ

Johannis de Rijke
1842〜1913

オランダの築堤職人の子として生まれたのですが、すでに水を治めるべき運命を背負っていたのかもしれません。アムステルダムの港や運河を建設する技師を経て、1873年（明治6年）に招かれて日本に来た時は、いわゆるお雇い外国人技師としては下級の資格でしたが、実に多くの実績を残しました。名高いものは木曽三川分流工事ですが、これにより氾濫による水害に悩まされていた地元が救われ、いまでも「木曽三川交流デレーケ記念レガッタ」が行われてその名を残しています。

大阪淀川上流の調査から始まり、多くの河川や港の改修を指導しましたが、何よりも砂防や治山の思想を日本に植えつけたのが最大の功績というべきかもしれません。

その流れの速さに驚き「日本の川は、川でなく滝である」と言ったり、粗朶沈床の技術を指導したり、いかにもおだやかなオランダの自然に育った技術者でしたが、日本を離れる時にその功績が高く評価されて莫大な退職金が贈られ、さらには勲二等瑞宝章を授与されました。

田邊　朔郎

たなべ　さくろう
1861〜1944

日本の近代土木構造物の、ほとんどすべての〝はじめて〟をつくったといっていいくらいの技術者です。

15歳で工部大学校（のちの東大工学部）に学び、卒業論文が「琵琶湖疏水工事の計画」でした。ちょうどこのころ京都と琵琶湖を水路で結び、京都に水道と農業用水を送り、さらに水車の動力をもって産業を興したいと考えていた京都府知事北垣国道は、わずか18歳の田邊にこの大事業のすべてを任せたのです。発展途上の若い日本国とはいえ、この決断はさすがに異例のことだったでしょう。

事業は約11㎞の水路を建設することでしたが、途中２４００ｍのトンネルがありました。田邊はここに生野銀山の鉱夫を集めて材料や機械の扱いを教え、はじめは若い技師を馬鹿にしていた工夫たちも、彼の能力とひたむきさに心服し、職人と技術者のよいコンビネーションが生まれたといいます。田邊はこの時、わが国ではじめて竪坑方式（垂直に立坑を掘り、ここから二方向に掘削を始めて工期の短縮をはかる）を採用しました。このトンネル結合部の誤差は南北７㎝、上下１㎝というおどろくべき精度だったそうです。完成後は、水路を利用して水車を回す計画をやめ、かわりに東洋ではじめての水力発電所を設置しました。これが蹴上発電所です。

田邊はこののち北海道の鉄道建設に活躍し、また関門鉄道トンネルの調査設計を指導しました。難工事を重ねて関門海底トンネルが開通した知らせを聞き、翌１９４４年（昭和19年）82歳で亡くなりました。

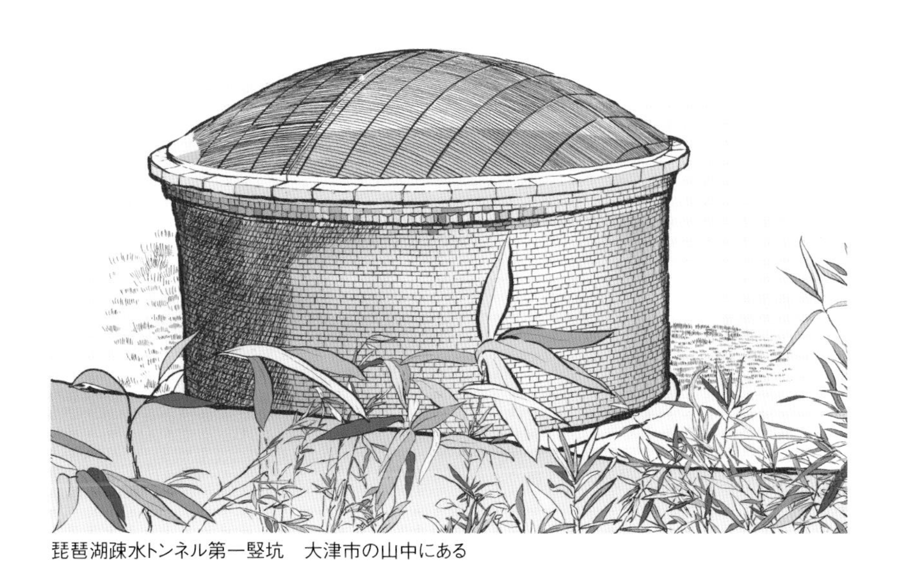
琵琶湖疎水トンネル第一竪坑　大津市の山中にある

ステパーン・ティモシェンコ

Stephen P.Timoshenko
1878〜1972

帝政ロシアのウクライナで生まれサンクトペテルブルク交通工科大学を卒業し、同大学で講師を務めました。のちキエフ工科大学の教授となり、弾性体の変形を有限要素法（FEM）で解く研究を行いました。いまでこそコンピュータを使った有限要素法解析は、誰にでも扱えますが、彼らの研究のお蔭というべきでしょう。座屈に関する研究も成果を残しています。のちロシア革命後、1922年にアメリカ合衆国に亡命しミシガン大学で教鞭をとりました。

彼は研究者・教育者として優れた業績を残しましたが、名著"Strength of Materials"や"Theory of Elasticity"などは36か国の言語で翻訳されているそうです。土木工学科の新一年生だった頃に大学近くの古本屋を探して、これらの本を手にした時の感激と、学問の世界へ半歩踏み込んだような気持ちを懐かしく思い出す人もいるのではないでしょうか。

「Strength of Materials」と「Theory of Elasticity」

吉田　徳次郎

よしだ　とくじろう
1888～1960

いわずと知れた日本におけるコンクリートの父ともいうべき巨人です。

戦前に最高の堤頂高を誇った塚原ダム（昭和13年・宮崎県）で、温度応力によるひび割れを防ぐために優れた施工法を開発指導したのをはじめ、研究室や現場で徹底的に試験をかさね、現在のように優れた減水剤やAE剤（いずれも界面活性剤で少ない水の量で施工しやすいコンクリートをつくる）がない時代に、実に4倍近い100N／㎟以上の高強度コンクリートを開発したのです。

「鉄筋コンクリート施工法」や「鉄筋コンクリート設計法」はもちろん土木技術者のバイブルでしたが、それ以上に1931年（昭和6年）に土木学会が制定したわが国はじめての「鉄筋コンクリート標準示方書」作成にかかわる業績を忘れてはなりません。

大学で学生を教えるかたわら、現場を飛び回って愛用のハンマーでコンクリートをたたきながら技術指導し、わが国のコンクリートの品質を高め続けたのです。

塚原ダム　日本初の機械化施工
（参考写真：九州電力（株））

武藤　清

むとう　きよし
1903～1989

周知のとおり武藤は霞が関ビルを設計した現代の建築家です。茨城県に生まれ東大建築学科の学生の時に関東大震災に出会ったことが、彼を耐震構造の研究に向かわせました。

地震力に対し、剛な構造で耐えるというのがそれまでの耐震設計の思想でしたが、木造の五重塔のような柔構造物が地震動に耐えている事実に着目して、高層建築の構造がどうあるべきかを研究しました。とくに鉄筋コンクリートのひび割れによる非線形性とこれに伴う固有周期の長周期化と震動減衰の関係等の研究が、建築構造物だけでなく土木構造物の耐震設計思想にも大きな影響を与えたといえます。霞が関ビルに使われたスリットの入った鉄筋コンクリート耐震壁は、彼の記念碑的構造物と言えるのではないでしょうか。

建築・土木を問わず耐震設計の技術こそ地震国日本が世界に発信してゆくべきであり、武藤はその先鞭をつけたといえます。

霞が関ビル　日本最初の超高層ビルで変形を許容した柔構造を採用

63　東京臨海高速鉄道・りんかい線　大井町駅付近

エピローグ

未来の土木技術者たちへ

かつての日本は、資源の乏しい狭い国土に高密度の人口を抱えた国として、〝技術〟をもって世界と伍していかなければならないといわれてきました。

それ故、１９６０年代から70年代にかけて優秀な人材がものづくりの基幹産業へ技術者として集まり、鉄鋼・造船・自動車・化学繊維・電子機器・工作機械などにおいて世界をリードする高品質の製品をつぎつぎに送り出していったのです。

実は、土木の世界ではこれらの一歩前の段階から電力エネルギーや交通インフラなどへの大型投資により水力発電所や自動車専用道路の建設、在来鉄道の電化・高速化と新幹線鉄道の建設などが進み、同時に技術の研究と開発が盛んに行われたのです。経験をしたことのない高さの盛土、深い掘削や海中への基礎工事、高速走行に伴う橋梁の共振問題など、技術者たちは猛烈に勉強し、ひとつひとつ問題を解決してゆきました。

自分の仕事に誇りと責任を持ち、仕事を愛することができることは、いつの時代でも技術者にとって幸せなことと言えるのではないでしょうか。ある技術者は、橋脚の基礎が海底深くの岩盤に確実に固定されたかを知るために、自ら潜水士の資格を取りボンベを背負って海中深く潜りました。こうして彼の仕事は確実に地図の上に残されているのです。この時代のこのような人たちによって、日本の土木技術は格段に進歩し、世界一の長径間つり橋や世界最速の都市間鉄道の完成を見たのです。

〝猛烈社員〟などという言葉がはやったほど、この時代の人たちの多くは昼夜を忘れ家庭を犠牲にしてまで仕事に打ち込んだものですが、一方でとくに〝土木〟の現場がきつく汚く、いまでいうブラック職場として若い人たちに嫌われだしたのもこのころからです。

しかしながら、その後の経済の停滞と同時に国を挙げてのはなやかな建設のプロジェクトは影をひそめました。

こんどは一転して地味な、構造物の保守と補修あるいは原子炉の廃炉に代表されるような取り壊しと撤去という非生産的な作業が土木技術者の仕事に入り込んできたのです。また、これまで経験のないような気象変動による自然災害に対応する技術も必要になってきました。

一方、海外に目を転じれば開発途上の国々では新たに都市インフラの整備が求められるようになりました。都市間の高速鉄道を求めている国もあるでしょう。また、都市内の地下鉄道網を求めている国もあるでしょう。さらには宇宙土木とでもいうべき分野、たとえば意外に近いうちに月面に住環境をつくることなどが求められるかもしれません。

このように土木技術者に求められるものも範囲が広がり、内容も変わってきましたが、土木工学がシビル・エンジニアリングと言われる以上、これらのあらたな仕事に携わることも国内、海外を問わず市民のため、都市文明を保持するために必要なことであると思います。

ところで、かつてピラミッドや長城、古墳などの建設にたずさわった技師たちはどんな立場だったのでしょうか。

おそらくは大きな権力を持った人たちに使役される立場か、あるいは奴隷であったかもしれません。それでも彼らは世界が神や奇跡でつくられたものではないことを知っていたし、石を積み土を盛るにはどうすればよいかを考えて身につけ、まわりの人や子孫に伝えたのではないでしょうか。

世界の成り立ちが知性をもって説明できると考えたのはすでに古代ギリシャのころ（デモクリトスの原子論があります）からですが、研究者も技術者も決して社会的に恵まれた立場ではなかったようです。中世の知性を代表するヨーロッパの古い大学でも、学ぶことと言えば法学・哲学・神学・医学であり、工学の分野はありませんでした。それでもデモクリトスの考えはガリレオやニュートンにつながり、アインシュタインやハイゼンベルグなどに受け継がれて現代の量子力学があるのです。研究者や技術者は時には宗教権威者から迫害されながらも、世界が知性で説明できると信じて耐えてきたのです。さらには、いまわしい戦争の時代には技術者たちは国家のために効率のよい殺人装置をつくるために利用されてきました。

また、技術者だけでなく技術そのもののあり方も問われるようになってきました。近年になり技術の進歩が思わぬかたちで社会に副作用を与えることがわかってきたのです。すなわち、産業革命以後のいちじるしい気温上昇による気象変動と災害、産業廃棄物による公害、安全管理の神話が迷信に過ぎなかった原子力利用などなど。最近ではマイクロプラスティックによる海洋汚染も深刻な問題となっています。いずれも技術の進歩抜きには起こりえなかった問題でもあります。

土木技術者への道を選ぶということの究極の目的はなんでしょうか。

すでに現代は、社会の仕組みも、普遍的とされた倫理や道徳ですら変わらざるを得ない時代にさしかかっているのかもしれません。技術の分野においてもIT技術の飛躍的な発達によって、人工頭脳が人間よりも早く正しい判断をする時代になってきました。そんな社会のなかにあって、研究者や技術者はそれとどうかかわり、何をなすべきなのでしょうか。研究者や技術者は技術そのものの危うさだけで無く、率先してひろく社会のあり方、人間社会の未来について考え、発言してゆくことがまず必要ではないかと思います。

土木技術者についても、今後求められることは新規の建設のみならず、自然災害から市民を守ることも含め実に幅の広い範囲での社会貢献だろうと思います。いろいろな言い方はあるとしても、土木工学がシビル・エンジニアリングと言われるように、土木技術者は豊かな文明社会を築くために働くということになるのではないでしょうか。「萬象ニ天意ヲ覚ル者ハ幸ナリ　人類ノ為メ　國ノ為メ」に尽きると思います。

最後になりますが――。

ところで、あなたは問題に直面した時にかならず過去の例を参考にするでしょう。パソコンやスマホには真贋とりまぜ、無数と言っていいくらいの情報があるかもしれません。しかし、それらの情報から回答を得ようとする時、安易にしかも都合のよい結果だけを見ていませんか。見てほしいのはその結果ではなく、そこに至った経過であり、さらに考えてほしいのはその根底にある技術者の思想です。隅田川にかかる橋梁群を見たら、どのような経緯でこれらがつくられ、設計者はどのような思想からこのような形態を選んだのかなどを考え、自分ならどうしただろうかをまとめてみるような思考実験、トレーニングの習慣を持つことが、あなたの技術レベルをアップさせてくれると思います。さらに付けくわえれば、このような習慣を身につけるには日ごろから少しでも幅の広い豊かな生活をこころがけて、美しい音楽、絵画、文学など何にでも接するべきです。そもそも科学技術と芸術を別個のものととらえるのは馬鹿げた考えだと思いますし、いまのところAIやロボットと人間の違いはこの辺りにあるのではないかと思います。

パソコンやスマホの画面にある様々な情報はどんなに多様でも、またどんなに役立ちそうに見えても、手に触ることはできず、匂いも味もわかりません。土木工学は経験工学であるといわれますが、現場での経験がなければ技術のスキルアップは望めないと言っていいと思います。現場で確かめ、現場で学んでください。そこには生きたモノがあり、生きたヒトがいてあなたを鍛えてくれるはずです。そして考える領域をひろく持つよう心掛けて、あなたが進もうとしている技術者への道を踏み出してください。

 東京メトロ半蔵門線／錦糸町駅付近

68 東京臨海高速鉄道・りんかい線 品川シーサイド駅付近

あとがき

田中志津夫

私は、土木の設計技術者として長年新規構造物の設計に従事してきました。この数年は地下鉄トンネルの補修設計に携わっております。その都度、深夜にトンネル内の補修個所を見て廻っていますが、ある時、トンネルの全体像はほとんど見ていなかったことに気づきました。一般利用者の目線でみたら、この土木構造物はどう見えるのだろうかと思い、帰りにホーム端からトンネル内を覗いてみました。薄暗い闇の中に、ポツン、ポツンと灯りが見えるだけでした。ところが日を改めて高感度カメラで写真に撮って見たところ、そこには見たことのない、驚くような光の世界が続いていました。世に鉄道マニア、橋梁マニア、ダムマニア等々マニアは数多くあれど、地下トンネルも「これも、結構いける！」と思ったのです。

しかし、これだけではマニア本になってしまいます。かつて同じ設計コンサルタントで働いた老技術者三人が寄り集まって相談したところ、老婆心ならぬ老爺心から、若い技術者に土木の世界の未来を託すものにしたらどうかということになりました。その結果本書が完成しました。

すでに、わが国のほとんどの大学・専門学校で「土木工学科」の名称がなくなってしまい、私たち古い土木技術者にとっては寂しい限りです。しかしながら、呼び名は変わってもシビル・エンジニアリングとしての「土木」に求められるものは変わらないはずです。従来の「築土構木」はもちろんのこと、その補修や保全、さらにあらたな気象変動に対する防災、などその範囲はより広くなっていくはずです。私たちにとってこの「土木」の世界は想像以上に面白く、満更捨てたものではないことをお伝えしておきたいと思います。

最後に、出版に際しては渡辺忠朋さんをはじめ北武コンサルタント（株）の皆さん、そして（株）アイワード、（株）共同文化社の皆さんにはお世話になりました。また、写真の掲載に快く応じていただいた各鉄道会社の方々にもこの場をお借りして御礼申し上げます。

２０２０年晩秋、コロナ禍の中で

著者略歴

Profile

長井 士郎（文）

１９３７年　東京都生まれ　技術士
早稲田大学土木工学科卒業後、住友金属鉱山㈱、日本交通技術㈱に勤務
橋梁、高架橋など鉄道構造物の調査・計画・設計に従事
現在は晴耕雨読のかたわら、土木の行く末を考えている

田中志津夫（写真）

１９４９年　長野県生まれ　技術士
信州大学土木工学科卒業後、日本交通技術㈱、北武コンサルタント㈱に勤務
橋梁、高架橋など鉄道構造物の調査・計画・設計に従事
現在は土木構造物の写真を撮り歩いている

益田 勲（イラスト）

１９４７年　埼玉県生まれ　博士（工学）、一級建築士、技術士
武蔵工業大学建築学科卒業後、東急建設㈱、日本交通技術㈱に勤務
環境アセスメント、既設構造物などの調査に従事
現在は土木遺構を探訪しながら、建築学会などでイラストも描いている